瑞典刺繡新星

卡琳‧荷柏格（Karin Holmberg）著

純手感
北歐刺繡

遇見 100% 的瑞典風圖案與顏色

備受手作界推崇
瑞典刺繡新星卡琳‧荷柏格的
第一本手藝書

已出版瑞典版、英國版、北美版、韓國版，
風格深受歐美、亞洲手作者的歡迎。

朱雀文化

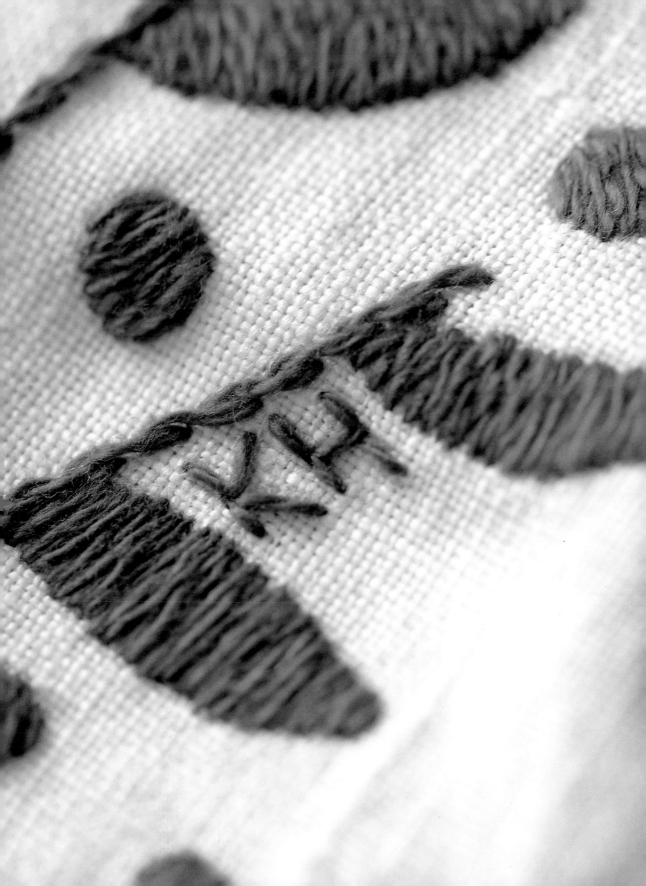

瑞典刺繡新星

卡琳‧荷柏格（Karin Holmberg）著

純手感
北歐刺繡

遇見 100% 的瑞典風圖案與顏色

r
朱雀文化

前言

我的國家瑞典的傳統織紋、服飾與源遠流傳的刺繡，一直以來都是我靈感的主要來源。過去那種結合了鮮豔顏色與創意花樣的獨特風格，其實非常有魅力，有時還會帶給人一些小驚奇。以前的人花了許多精力和時間來裝飾這些每天都要使用的生活物品，並不像我們所想的全都只是灰撲撲的粗布。這的確告訴我們，人類就是必須要有創造力，不是嗎？

刺繡能夠讓家常用布和衣服添上幾許個人風格，也是一種十分親人的手工藝。只需要一支針和一些線就能入門，幾乎什麼東西都可以拿來繡。而且刺繡很方便，可以走到哪繡到哪：火車上、咖啡廳，或是和朋友的聚會都可以。

出版這本書主要是希望能啟發讀者一些靈感。不過如果讀者想要做出和書上一模一樣的作品，所有的圖案都可以在書後的附錄圖案裡面找到。我在這裡介紹了八種歷久彌新的瑞典地方刺繡樣式，也示範了重現傳統以及變化創新的應用方式。我希望讀者能夠理解這些織紋寶貴的本質，同時開創自己獨特的詮釋風格。現在就開始吧！拿出你的針線，一起動手刺繡吧！

卡琳・荷柏格
Karin Holmberg

目錄 Contents

anundsjösöm

Blekingesöm

pásöm

Halland söm

瑞典刺繡樣式

本書中用到的所有刺繡樣式都源自於瑞典的傳統織品。一般來說，我們無從得知某種針法是由誰發明、從何時開始使用，不過基本上應該都是從模仿獨特的花布織紋而來。之後，農莊之間開始相互借用或交換圖案、版型。長時間下來，有些刺繡樣式廣為流傳，並受到大多數人愛用，更成為瑞典不同地區的代表特色。以下介紹八種獨特的刺繡樣式：

亞夫索刺繡（Järvsö，音譯）是農村婦女們用來炫耀刺繡手藝與農莊經濟能力的工具。為了展現自己的手藝，每一家都至少會有一張床鋪上花團錦簇、完全只是用來當作展示的寢具。床罩和枕套用買來的紅色棉線繡滿了花樣，有些線不是正宗的「土耳其紅」，所以經過歲月的侵蝕便褪色，現在看起來變成了粉紅色。主題圖案通常是許多不同種類的花朵，風格多少顯得較為傳統。針法使用的是表側緞面繡和輪廓繡。亞夫索刺繡和其他樣式最大的不同，在於以四或五針所組成的獨特「扇形」。因此，有些刺繡書籍會將這種針法稱為「鑽石扇形繡」，操作快且技法很簡單。如果將花朵中的長針用短針固定住，那麼刺繡圖案就會更加服貼。

德斯博刺繡（Delsbo，音譯）和亞夫索刺繡很類似，不過花樣不太一樣。主題圖案通常也是花和葉，但比起亞夫索刺繡那種花朵綻放的姿態，德斯博刺繡的花朵比較集中成圓形。德斯博刺繡也是使用紅色棉線和表側緞面繡，習慣用一圈輪廓繡將針腳固定在花朵中央。大家通常會把圖案畫在紙或樺樹皮上，然後剪下來做為版型，進而在繡工之間流傳與交換，這也是為什麼在某個地區會看到許多很相似刺繡作品的原因。

安諾德斯喬刺繡（Anundsjö，音譯）是唯一與特定人物，也就是布莉塔卡莎·卡斯多特（Brita-Kajsa Karlsdotter）相關的針法。在1800年代，她住在翁厄曼蘭（Angermanland，一個瑞典北部的舊省），年紀很大了才開始玩刺繡，這說明了為什麼這種特別的針法看起來有些歪斜抖動，卻又相當迷人。據說她總是在孩子和孫子來探望時，要求他們幫忙穿針引線，好讓她之後自己一個人也可以進行刺繡。這個針法的主題圖案同樣是紅花、細莖和裂葉，主要特徵在於會有一道斜向短針固定住長針。另外，在她的作品中會重複出現的一個主題是她的姓名縮寫BKD、刺繡年分，以及ÄRTHG這幾個字（代表Äran TillHör Gud，「榮耀歸於上帝」）。安諾德斯喬刺繡操作速度快，也不用太在意針腳是否等長，有一點散亂的感覺正是這個針法的魅力所在！

哈蘭刺繡（Halland，音譯）最常用在枕套，也就是在哈蘭省（Halland）所說的「pudevar」上，這種刺繡的命名便是源自這個地方。只有在枕套短邊那一側會繡上圖案，這樣放在房間裡才能清楚看到。這種刺繡與其他針法很不相同。哈蘭刺繡採用了傳統的幾何圖形，是由圓形、三角形、星星和愛心組成，通常還會搭配花朵與生命之樹。典型的哈蘭刺繡是使用浮面填滿針法來填滿圖形。在形狀裡拉線交織出直向或斜向的網狀圖案，運用各種不同的針法將網子固定在布料上，最後用鎖鏈繡或輪廓繡細膩收邊。有時候也會看到表側緞面繡，不過多半是使用人字繡來覆蓋較大的面積。如果怕針腳還是太長，可以加上鎖鏈繡或輪廓繡來固定。此外，一般是使用紅色和藍色棉線，這兩種顏色搭配不同的浮面填滿針法，完成的圖案可以說是千變萬化。哈蘭刺繡必須非常精確，不過很快就能讓人沉迷其中，坐下來耐心地用各種針法填滿這些圓圈圈，其實頗能令人放鬆。

布萊金刺繡（Blekinge，音譯）採用了許多其他地方刺繡的元素，結合了表側緞面繡、長短繡（常用兩股深淺不同的繡線製造出特別的漸層）、浮面填滿針法、輪廓繡和法國結粒繡。主題圖案是花朵、花籃、小鳥、人物等等，繡線使用的是各種深淺不同的粉色和藍色棉線。這種刺繡通常應用在繡畫，或是一些待客用的擺飾上，也會從聖經中取材。如果你不信教，那就用布萊金刺繡來展現你浪漫的一面，讓粉紅小花到處盛開吧！

帕刺繡（Påぱ，音譯）是採用羊毛繡線（一般稱作Zephyr羊毛，質地柔軟蓬鬆，顏色大膽鮮豔）與緞面繡，基本上只會在瑞典北部達拉納省（Dalarna）弗羅達市（Floda）的傳統衣飾上看到。因此，這種刺繡有時候又叫作達拉弗羅達刺繡（Dala-Floda）。圖案是由大片的花和葉組成，從鮮活的紫羅蘭到綻放的玫瑰，應有盡有。有些弗羅達的繡工是走自由發揮風格，從周圍的自然環境中取材。不過有更多人是使用版型，這樣較為方便。最大朵的花當然是首要的精繡重點，會出現在傳統的頭巾、外套和裙邊，而剩餘的空間則留給葉子和小花。它的名字來自於瑞典文的「som på」，意思是「在某樣東西上刺繡」（på是「在」的意思）。有些弗羅達的繡工技巧非常熟練，光靠幫人刺繡、販賣作品就能過活。我不想說自己偏愛哪種刺繡樣式，不過帕刺繡真的算是我覺得最有趣、繡出來也最好看的一種針法。很可惜，這種刺繡使用的粗羊毛繡線只適合用在衣服或是單個抱枕上。

斯堪尼亞羊毛刺繡（Scanian，音譯）也是用羊毛繡線在粗布或絨布上刺繡，不過和帕刺繡有許多地方不同。它使用的繡線質地會較一般的緊密，製造出一點點粗糙的效果。顏色侷限在紅、綠、深藍、白和橘黃這幾種。在刺繡主題方面，宗教題材十分常見，尤其是伊甸園中的亞當和夏娃，整個畫面中充滿了天真無邪的角色、豐富的植物和神奇的動物。在傳統藝術中，恐懼留白是常被討論的議題，斯堪尼亞刺繡剛好就是典型的範例。繡工常會用這種技法來刺繡枕套和抱枕。這種刺繡的主題和顏色與壁毯掛飾十分類似，很有可能是繡工拿織造壁毯剩下的線來刺繡的關係。有些甚至只使用幾何圖形，例如星形和菱形等等，拼湊起來就更像壁毯了。針法包括了緞面繡、輪廓繡、鎖鏈繡（多半拿來填滿較大面積）和長針的十字繡。如果你和我一樣喜歡細節很多的花朵圖案，就會覺得這種刺繡非常好玩！鎖鏈繡可以很快填滿空間，所以花費的時間沒有想像中的多。

黑線刺繡（Blackwork）的根源來自歐陸的宮廷服飾，在歐陸稱為西班牙繡（Spanish stitch）或是荷爾拜因繡（Holbein stitch，命名源自於畫家漢斯‧荷爾拜因二世Hans Holbein the younger，他在貴族畫像中精細地描繪了黑線刺繡的圖案）。在瑞典，這種圖案多半會出現在達拉納省的雷克桑德（Leksand）、阿爾（Ahl）和甘納夫（Gagnef）的傳統服飾領巾上。黑線刺繡結合了十字繡、緞面繡和回針縫，它是使用黑色絲線在細格的平織亞麻布（Even-weave linen）上刺繡。刺繡時要數格數，所以最後完成的是非常精確的幾何圖形。也就是說，這種刺繡需要好眼力和天使般的耐心。不過我想，偶爾做一下這種精緻的女紅，換換口味也不錯。喜歡的話，也可以用這種針法進行較為現代而抽象的自由創作。

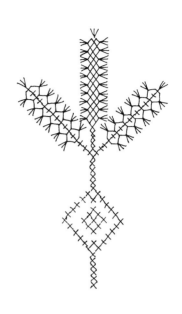

刺繡
作品

德斯博花朵茶巾

刺繡的主題圖案不用太大，一朵小小的德斯博花兒就足以點綴這條茶巾。

運用技法：　德斯博刺繡
材料：　　　◉ 紅色絲光棉繡線或DMC Mouliné棉繡線
　　　　　　◉ 白色亞麻布，大小約49 x64公分，或用現成的白色亞麻茶巾，大小約
　　　　　　　 45x60公分
　　　　　　◉ 棉布掛勾
　　　　　　◉ 蕾絲緞帶，樣式隨個人喜好
圖案：　　　參照p.91

做法：
布料的四邊內摺，以手縫或車縫收邊（或者使用現成的茶巾），也可以在收邊的
地方縫上蕾絲緞帶。接著在布料的角落縫上棉布掛勾。

標出茶巾的正中央位置，將圖案轉印上去，再以表側緞面繡和輪廓繡來完成圖
案。繡線可選用一股絲光棉繡線或是三股DMC棉繡線。最後，所有線頭打結之
後將茶巾熨平就完成囉！

撲克牌茶巾

哈蘭刺繡（Halland）的幾何設計讓我想到可以在茶
巾繡上撲克牌的圖案。烘焙時可以使用，一邊醒麵一
邊玩撲克牌遊戲！

運用技法：　哈蘭刺繡
材料：　　　◉ 紅色和黑色亞麻繡線 16/2
　　　　　　◉白色棉布，大小約49x64公分，或用現成的
　　　　　　　 白色棉布茶巾，大小約45x60公分
　　　　　　◉ 棉布掛勾
圖案：　　　參照p.90

做法：

布料的四邊內摺，以手縫或車縫收邊（或用現成的茶巾）。轉印好圖案後，再以哈蘭刺繡完成。撲克牌表面使用的是浮面填滿針法的變化款，邊框利用回針縫。

小叮嚀：

材料中的16/2和p.16材料中的8/2是線粗細的尺寸，歐美有些品牌有出這種繡線，不用分股操作，直接使用即可。

白色藤蔓茶巾

亞夫索刺繡（Järvsö）通常是以紅線繡在白布上，但可不代表一定得如此。你可以嘗試將兩種顏色對調，更能讓人耳目一新！除此之外，這條茶巾用的還是通常不會拿來刺繡的棉線，讓成品更加呈現出一種凹凸不平的感覺。

運用技法：　亞夫索刺繡
材料：　　　◎白色棉線 8/2
　　　　　　◎紅色棉布，大小約49x64公分，或用現成的紅色棉布茶巾，大小約
　　　　　　　45x60公分
圖案：　　　參照p.91

做法：

布料的四邊內摺，以手縫或車縫收邊（或現成的茶巾）。在茶巾上畫出一條彎彎曲曲的線，然後把下面圖案上的亞夫索花朵圖案，轉印到你認為最好看的地方，再隨意畫上一些分枝。圖案的輪廓使用表側緞面繡，藤蔓上的花瓣和葉面則用鑽石扇形繡填滿。

廚房花園圍裙

如果你剛好在跳蚤市場或阿嬤的閣樓裡找到一條素色的漂亮圍裙，就可以用針線將它變身為獨一無二、專屬於自己的用品。上面的圓圈可以用玻璃水杯、茶杯、蠟燭來畫，視自己希望成品圖案的大小而定。總之，任何圓形的物品都可以使用。

運用技巧：　哈蘭刺繡
材料：　　　◎ 純白棉布圍裙
　　　　　　◎ 紅色和藍色DMC繡線
圖案：　　　參照p.92

做法：
先拿鉛筆或水消筆在圍裙上描繪出圓形、愛心或你喜歡的其他類似形狀。使用繡框將布面繃緊繃平，然後用兩股線以浮面填滿針法完成，可以只用單色或是用雙色來搭配。當然，你也可以將各種不同難易程度的針法和縫邊相互搭配來刺繡，更能呈現多樣的效果與風采。

玫瑰和鬱金香茶壺墊

有些人會覺得連茶壺墊都要手作，未免也太麻煩了吧？但這真的很有趣！這件刺繡作品只要加工變成拼布，就是一塊具有隔熱功能的柔軟茶壺墊了。

運用技法： 平針縫，由德斯博刺繡和亞夫索刺繡的圖案變化而來
材料： ◉ 棉布兩塊，18x18公分
　　　　（底布最好使用有印花的布料，這樣線頭較不明顯）
　　　　◉ 鋪棉，16x16公分
　　　　◉ 緞帶掛勾
　　　　◉ DMC Mouliné棉繡線，選擇與布料搭配的顏色
圖案： 參照p.93

做法：

將喜歡的圖案轉印在布料上。取一塊布將鋪棉內摺包起，留1公分的縫份。另一塊印花布料內摺，留1公分的縫份，疊在茶壺墊後面。剪一小段足以作為掛勾的緞帶，置於茶壺墊的一角，夾在布料和鋪棉中間。然後用大頭針將茶壺墊邊緣固定好，注意角落要平整，再以針腳密實的平針縫或縫紉機將茶壺墊車縫好。

茶壺墊完成後就可以開始刺繡了。在幾處用大頭針將三層布料固定住，以免刺繡時鋪棉會滑動。使用兩股棉繡線以平針縫完成，沿著圖案將三層布料縫在一起，這裡要注意不可拉太緊，否則布料會皺起，導致作品變形。線頭收在背面（底層布），只穿過底層的印花布多縫幾小針（較不明顯），稍微拉緊一點，最後貼著布料剪斷線頭就完成囉！

小叮嚀：

若你想和右頁照片中的紅色茶壺墊一樣加上蕾絲花邊，可以先把蕾絲縫在其中一塊布料上，再將三層布料縫起來，免得露出太多線頭。

布萊金花朵茶壺保溫套

週日的早餐，若使用茶壺沖茶，一定很希望茶能隨時保溫吧！建議你縫製一個超級實用的茶壺保溫套，再以刺繡點綴，不論是繡個小圖案或繡滿整個保溫套，都能凸顯作品的特色。

運用技法：　布萊金刺繡
材料：　　　◎ 亞麻布兩塊，26x26公分（外罩）；一塊8x70公分（帶狀布料）
　　　　　　◎ 棉布兩塊，26x26公分（內襯）；一塊8x70公分（帶狀布料）
　　　　　　◎ 鋪棉兩塊，26x26公分；另準備一塊8x70公分
　　　　　　◎ 滾邊條（斜布條），約8x75公分
　　　　　　◎ DMC Mouliné棉繡線，粉紅、藍、黃、白
圖案：　　　參照p.94

做法：

外罩和鋪棉內襯都是由兩大片加上中間一條帶狀的布料組成。兩大片在要和中間帶狀布料縫合的那側，直角的部份要修成圓弧（修整程度見p.23的成品圖）。用縫紉機的Z字縫分別將外罩和內襯的布料全部車好邊（拷克）。

選好圖案後轉印到其中一片外罩布料（大片）的中間。使用兩股棉繡線完成布萊金刺繡，操作時要用繡框，以免布料變皺。繡完之後，在布料背面用熱熨斗熨平。

接下來是縫製保溫套：先在外罩縫上防燙提把。剪一段長8公分的滾邊條，縱向摺成原本寬度一半的長條，再摺成一半，邊緣約留0.1公分，左右各縫上一道直線縫。將滾邊條橫放於帶狀外罩布正面的中央位置，用大頭針固定。然後將這條帶狀外罩布與其中一片側面外罩布用大頭針固定，布料的正面朝內，再用直線縫將兩片布縫起來，縫份約1公分。縫好之後，用大頭針固定帶狀外罩布的另一邊與另一片側面外罩布，以相同的方式縫合，然後用熱熨斗將縫好的邊緣熨平。

將保溫套的正面翻出來，縫合處的兩邊間隔0.1公分，各再縫上一道直線縫補強，就完成外罩了。滾邊條可以當作茶壺保溫套的防燙提把。

然後是縫製內襯：將鋪棉置於棉布上方，用縱向長針的直線縫大致縫好。依照上

面縫製外罩的步驟縫製內襯，再修掉多餘的鋪棉和線頭。

將鋪棉內襯塞進外罩裡，茶壺保溫套就快完成了。

將內襯和外罩從底部用大頭針固定，用直線縫縫合，縫份約0.5公分。用剪刀修整邊緣。

用剩下的滾邊條包住底部邊緣，以直線縫縫合，下針時盡可能貼著滾邊條的邊緣。注意保溫套內外的滾邊條都要縫好。

布萊金花朵餐桌墊

這是可以和茶壺保溫套配成一套的餐墊。圖案刺繡的位置，必須和你的餐具搭配為佳。

運用技法：　布萊金刺繡
材料：　　　◎ 亞麻布兩塊，35x48公分
　　　　　　◎ DMC Mouliné棉繡線，粉紅、藍、黃、白
圖案：　　　參照p.94

做法：
用Z字縫將兩塊布料的邊車縫好（拷克），再以水消筆或鉛筆將圖案轉印上去。雖然待會兒可能會摺起來收邊看不見，但莖蔓的部分最好能延伸到布料的邊緣。操作時，一邊利用繡框來保持布料和刺繡的平整，一邊取兩股棉繡線完成布萊金刺繡，

將布料的四邊內摺1公分，然後再內摺1公分，把Z字縫藏起來。現在餐墊的尺寸應該會變成31x44公分。先用大頭針固定住，再以手縫或縫紉機的直線縫車縫收邊（三摺縫收邊），最後用熱熨斗將完成的餐墊熨平就完成囉！

來自達拉納女用連帽夾克

達拉納省弗羅達市（位於瑞典中部）的傳統花外套，最引人注意的就是上面華麗的刺繡。不過現在很少人會穿著傳統服飾，都改穿柔軟的針織布料。那何不試著將這兩者結合起來呢？這算是一件大型作品，必須花上一些時間來完成，也需要足夠的耐心和練習。此外，因為需要在袖子上刺繡，所以和一般的平面刺繡很不一樣。

運用技法： 帕刺繡
材料：　　 ◎ 各種顏色的羊毛繡線
　　　　　 ◎ 素色的針織連帽夾克
圖案：　　 參照p.95～96

做法：
將圖案轉印到厚紙板或卡紙上剪下來，放在外套上你認為好看的位置。最好是有人可以直接穿著外套讓你放圖案，這樣一眼就能看出效果。用水消筆將圖案描繪上去，從最大朵的花開始繡，再繡比較小的花以及葉、莖。進行帕刺繡的時候，盡量運用繡框操作，還有尤其是袖子的部分，記得不要把線拉得太緊。完成刺繡後，用手或洗衣機的羊毛洗程來清洗連帽夾克，攤平晾乾後就可以穿著囉！

來自達拉納男用連帽夾克

假若你沒時間、沒耐心繡完一整件連帽夾克，那麼試試只繡幾朵花也無妨。
夾克的正面、背面和帽子部分最容易繡，而且也都可以用繡框來操作。

運用技法：　　帕刺繡
材料：　　　　◉ 各種顏色的羊毛繡線
　　　　　　　◉ 素色的針織連帽夾克
圖案：　　　　參照p.95～96

做法：
和女用連帽夾克的做法一樣。如果要在背面刺繡，建議將夾克攤平之後再轉印圖案
最方便。不過開始刺繡之前，最好還是先找人試穿，以確保圖案實際的位置。

天堂內搭褲

用亞夫索（Järvsö）刺繡的花朵和藤蔓裝飾你最愛的內搭褲，似乎更多了點
個人風格。這裡用的是可愛的粉紅色系絲繡線，但若想改用棉繡線也可以。

運用技法：　　亞夫索刺繡
材料：　　　　◉ 絲繡線或DMC Mouliné棉繡線，
　　　　　　　　粉紅色或紅色、單色或深淺不同多色均可
　　　　　　　◉ 內搭褲
圖案：　　　　參照p.97

做法：
用水消筆將圖案轉印到內搭褲上。使用兩股線完成亞夫索刺繡，繡花的時候可使
用小一點的繡框。操作葉莖和藤蔓的部分可以不用繡框，不過記得線不要拉太
緊，以免破壞內搭褲的彈性。

雷克桑德風格T恤

黑線刺繡通常是使用在搭配雷克桑德（Leksand）傳統服飾的領巾上，是一種精巧而細緻的手工技法。現在我們將它應用得更廣泛些，繡在T恤的側邊上，不過針法和顏色還是保留原狀。

運用技法： 自由風格的黑線刺繡
材料： ◉ 黑色DMC Mouliné棉繡線
　　　　 ◉ 尺寸合適的T恤
　　　　 ◉ 十字繡布，Even-weave亞麻布或Aida布
圖案： 參照p.98

做法：
標出你想要在T恤上刺繡的範圍，也可以用針線大致縫出一個範圍，之後拆掉就不會留下痕跡。此外，找人試穿看看效果如何。接著剪一塊和刺繡範圍相同大小的Even-weave亞麻布或Aida布，用布邊縫收邊，免得綻線鬚掉。將這塊布料密合地縫在T恤要刺繡的範圍上，使用兩股或三股棉繡線穿過繡布和T恤來完成黑線刺繡。可以先在繡布上畫上圖案再刺繡，或是愛怎麼繡就怎麼繡，但得注意花樣和花樣之間的空隙配置，以形成美麗的圖案。下針時，一定要讓針頭從繡布的格眼中穿出，不然到時繡布會取不下來。繡完之後，取下繡布：用繡剪沿著繡好的圖案剪斷縫在T恤上的繡布。小心地抽出剪斷的紡紗，一次一根，先抽橫向的再抽縱向的，這樣刺繡就能夠平整地留在T恤上囉！

球蘭T恤

這件作品算是本書所有傳統地方刺繡中，最跳脫、隨意的應用。看看左頁照片中的球蘭（蘭花的一種）圖案，它可是拿白線來刺繡的，這還能被稱為黑線刺繡嗎？

運用技法： 自由風格的黑線刺繡
材料： ◎ 白色DMC Mouliné棉繡線
　　　　　◎ 尺寸合適的T恤
　　　　　◎ 十字繡布，Even-weave亞麻布或Aida布
圖案： 參照p.99

做法：
用白色記號筆將圖案轉印在T恤上，但不要太用力，不然筆跡會透出來。剪下幾塊用來覆蓋刺繡圖案的Even-weave亞麻布或Aida布，這個作品大約5x5公分即可。繡布用布邊縫收邊，免得綻線鬚掉。將繡布密合地縫在T恤要刺繡的一塊圖案上，然後在繡布上進行刺繡，用兩股或三股棉繡線穿過繡布和T恤來繡，以十字繡和（或者）緞面繡繡好圖案。下針時一定讓針頭從繡布的格眼中穿出，不然到時繡布會取不下來。繡完之後，取下繡布：用繡剪沿著繡好的圖案剪斷縫在T恤上的繡布。小心地抽出剪斷的紡紗，一次一根，先抽橫向的再抽縱向的。這樣刺繡就能夠平整地留在T恤上，接著再進行另一塊圖案。連結花朵的莖蔓可以使用回針縫，不需要任何繡布。

小叮嚀：
如果不是很講究，那麼不要用繡布，直接在T恤上用十字繡、緞面繡和回針縫來繡也可以，這樣你的T恤會更有個人風格。

小花籃T恤

布萊金刺繡（Blekinge）顏色粉嫩，圖案也可愛，很適合搭配童裝，尤其是這種用浮面填滿針法刺繡的一籃小花圖案，常常可以在古董掛毯或是座墊上看到。

運用技法： 布萊金刺繡
材料： ◎棉線，例如DMC繡線或DMC Mouliné棉繡線，藍、粉紅、黃、藍綠
　　　　　◎尺寸合適的T恤
圖案： 參照p.100

做法：
將圖案轉印到T恤的中間位置，然後用繡框和兩股線完成布萊金刺繡。兩股線可以搭配不同的顏色，成品看起來會更有變化。繡好後將T恤上繡框的痕跡輕輕壓平就完成囉！

小花束長褲

這件童裝長褲用的繡線是市面上可以找到最柔軟的掛毯羊毛繡線，才不會讓皮膚搔癢。圖案繡於小腿處，除了方便刺繡之外，也比較不會太快磨損。

運用技法： 帕刺繡
材料： ◎DMC掛毯羊毛繡線
　　　　　◎黑色的童裝長褲
圖案： 參照p.100

做法：
用白色記號筆將圖案轉印到長褲上。可以使用繡框，不然單手盡可能將布面撐平操作，同時注意別將繡線拉得太緊。此外，可視刺繡圖案呈現出厚或薄的效果，把繡線拆成半股使用，建議多嘗試看看。

小愛心T恤

哈蘭刺繡（Halland）通常是用紅、藍色的線繡在白布上，不過我這次做了點變化繡在有色的底上。也就是說，即使沾到一點番茄醬也看不出來！

運用技法：　哈蘭刺繡
材料：　　　◉ DMC Mouliné棉繡線，白色和藍色
　　　　　　◉ 尺寸合適的紅色T恤
圖案：　　　參照p.101

做法：
剪好一個愛心的版型放在T恤上，用水消筆或鉛筆描繪出愛心的形狀，接著在T恤上畫更多的愛心，不過要注意留好刺繡邊緣的花樣的空間（例如下圖右下的愛心邊緣較突出，所以描繪的時候要小心）。一次用繡框框著一顆愛心來刺繡，愛心內部以浮面填滿針法繡好，外緣則使用回針縫、鎖鏈繡和（或者）平針縫完成。最後以同樣方式繡好其他愛心就完成囉！

小叮嚀：
T恤布料的織紋越不明顯就越容易繡，所以盡可能挑選平滑布面的針織T恤。

萬壽菊嬰兒服

不用說，小貝比一眨眼就會長大穿不下了。但至少有那麼一段時間看起來超可愛！搭配整套的嬰兒帽會更好看。

運用技法：　德斯博刺繡
材料：　　　◎ 紅色棉線，例如DMC繡線
　　　　　　◎ 白色嬰兒服
圖案：　　　參照p.102

做法：
用水消筆將圖案轉印到嬰兒服上，繞著脖子一整圈或只有正面的部分都可以，然後使用兩股棉線完成德斯博刺繡。操作時，因為這麼小件的衣服很難用繡框固定，更要謹慎地保持針腳的平整。嬰兒服通常會使用羅紋布料增加彈性，所以千萬不要把線拉得太緊。

萬壽菊嬰兒帽

運用技法：　德斯博刺繡
材料：　　　◎ 紅色棉線，例如DMC繡線
　　　　　　◎ 白色嬰兒帽
圖案：　　　參照p.102

做法：
和嬰兒服的刺繡方法一樣。將圖案擺在你喜歡的位置，像是單側、雙側，或者是後腦勺，思考一下哪裡的效果最佳？

糖果內褲

也許不用每天都穿，不過花點時間和力氣妝點一下素色的棉質內褲，是件讓人心情愉快的事。可以使用混色的繡線和混合的圖案，繡上大型的圖案或一個小小的標記。此外，素色的內衣組更是搭配刺繡圖案的最佳選擇。

運用技法： 自由風格的德斯博刺繡
材料：　　 ◉ DMC繡線或絲光棉繡線，各種顏色
　　　　　 ◉ 適合自己尺寸的棉質內褲
圖案：　　 參照p.103

做法：
和p.43的作品「德斯博玫瑰內衣組」的刺繡方法一樣，不過可以隨心所欲自由搭配顏色和圖案。

德斯博玫瑰內衣組

運用技法：　德斯博刺繡
材料：　　　◎ 紅色棉線，例如DMC繡線
　　　　　　◎ 白色胸罩和白色內褲
圖案：　　　參照p.103

做法：

將圖案轉印到內衣褲上你認為最好看的位置。稍微考慮一下磨損的可能性，例如褲底中央的刺繡會磨損得比較快。不過不用想得太難，我認為好看比實用重要。這裡使用的是德斯博刺繡，盡量用繡框固定操作。此外，因為仍然須保持衣料的彈性，記得不要把線拉得太緊。

馬尾草小姐襪子

你是否和我一樣，洗衣服的時候常常搞不清楚哪兩隻襪子該配在一起？何不用配成對的刺繡圖案來標記！

運用技法：　亞夫索刺繡
材料：　　　◎ DMC Mouliné棉繡線，粉色或紅色，單色或深淺不同多色均可
　　　　　　◎ 襪子
圖案：　　　參照p.104

做法：

穿上襪子。以白色記號筆將圖案轉印上去，然後使用兩股棉繡線完成亞夫索刺繡，建議只繡輪廓中間不填色會比較好看。針法採用具有彈性的回針縫，注意不要把線拉得太緊，襪子才能保持彈性！如果覺得針腳太鬆，可以和安諾德斯喬刺繡（參照p.88）一樣多加一針，所有的線頭都要打結，然後用同樣方法完成另一隻襪子就完成囉！

民俗風暖手套

只要花幾個晚上就能迅速完成這對暖手套。用回針縫來取代緞面繡，因為回針縫最適合有彈性的布料，看起來會和一般的德斯博刺繡（Delsbo）有些不同，不過依舊和圖案很搭配。

運用技法： 德斯博刺繡的變化款
材料： ◎ 紅色DMC Mouliné棉繡線或絲光棉繡線
　　　　 ◎ 針織布兩塊，17x21公分，或是剪下舊內搭褲小腿的那一截使用
圖案： 參照p.105

做法：
將布料攤平，用白色記號筆將圖案轉印上去。使用一股紅色絲光棉繡線或三股DMC棉繡線，以回針縫完成圖案。暖手套的圖案可視個人的喜好兩隻都一樣，或者一隻用一種。

刺繡完成後，將布料對摺，正面朝內，用回針縫把兩邊縫合起來。如果你的縫紉機有布邊縫模式，或是你有拷克機，當然也可以用。最後，再將上下兩端收邊縫好就完成囉！

我縫的抱枕

安諾德斯喬刺繡（Anundsjö）的發明人布莉塔卡莎（Brita-Kajsa）經常在設計的圖案中放入她的姓名縮寫，所以我們也可以把自己的縮寫、名字或是想要說的話放進刺繡中。這個抱枕的枕套如果繃緊一點會比較好看，因此我把枕套的尺寸做得比枕芯小上幾公分。

運用技法： 安諾德斯喬刺繡
材料： ◉ 紅色DMC Mouliné棉繡線
　　　　 ◉ 白色亞麻布三塊，40x40公分（正面用），
　　　　　 40x31公分和40x21公分（背面用）
　　　　 ◉ 座墊枕芯，40x40公分
圖案： 參照p.106

做法：
布料用Z字縫收邊。背面用布的其中一個長邊往內摺兩次摺邊（布邊）縫起，兩塊布都要，把Z字縫藏起來。用大頭針固定後，以縫紉機車縫。摺邊（布邊）的部分就是抱枕背面的開口。

將圖案轉印到正面用布的中間，使用兩股棉繡線以安諾德斯喬刺繡完成圖案。文字的部分需利用繡框，以回針縫完成。完成之後，將刺繡的部分整燙熨平。

將正面用布的正面朝上放好。背面用布較小的那塊正面朝下，同長的邊疊在一起，再放上較大塊的背面用布，讓這兩塊背面用布重疊。以大頭針固定四周後，用裁縫機車縫起來。最後將枕套翻成正面，塞入枕芯就完成囉！

花漾抱枕

地區性的特殊刺繡其實可以不用完全依照傳統方式，不妨自行改用不同的繡線進行變化。這個抱枕的圖案來自傳統羊毛外套的花樣，不過是用絲光棉繡線來刺繡，看起來很有中國絲繡的感覺。

運用技法： 帕刺繡
材料： ◎ DMC Mouliné棉繡線，各種顏色
　　　　 ◎ 棉布兩塊，顏色隨意，40x42公分
　　　　 ◎ 開口打結用的緞帶
　　　　 ◎ 枕芯，40x40公分
圖案： 參照p.95～96

做法：

將兩塊棉布用Z字縫收邊。其中一塊布料的長邊往內摺兩次後摺邊（布邊）縫起，兩塊布料都這樣處理。枕套完成後的尺寸為40x40公分。

將圖案轉印到其中一塊棉布上。使用兩股棉繡線完成帕刺繡，然後將完成的刺繡圖案熨平。

兩塊棉布正面朝內、摺邊（布邊）朝外疊好，然後用大頭針固定起來，將沒有摺邊（布邊）的三側縫起來。枕套翻成正面，在開口處兩側各縫上兩、三條緞帶用來固定枕芯。

奧斯蘭花園抱枕

斯堪尼亞羊毛刺繡（Scanian）其實應該要繡在羊毛氈或絨布上，但這些布料比較貴，有時候也很難找。不過你可以用羊毛繡線繡在棉布上，看起來也不錯。建議挑選稍厚一點的布料，成品的效果較佳，尤其是搭配粗的羊毛繡線。記得操作時要比平常用棉繡線時拉得緊些，最後只要把布拉平，圖案就會變得平滑工整，所以不用太擔心！

運用技法：　斯堪尼亞羊毛刺繡
材料：　　　◎ 羊毛繡線，各種顏色
　　　　　　◎ 深藍色棉布三塊：40x40公分（正面用布），
　　　　　　　 40x31公分和40x21公分（背面用布）
圖案：　　　參照p.107

做法：
布料用Z字縫收邊。背面用布的其中一個長邊往內摺兩次後摺邊（布邊）縫起，兩塊布料都這樣處理，把Z字縫藏起來。用大頭針固定後以縫紉機車縫。

用白色記號筆將圖案轉印上去。使用鎖鏈繡、緞面繡、輪廓繡、回針縫和法國結粒繡完成圖案。

依照p.84的方法用木頭塊將繡好的圖案整平，放乾後再小心地取下。

將正面用布的正面朝上放好。背面用布較小的那塊正面朝下，沒有摺邊（布邊）的長邊和正面用布的長邊疊在一起，再放上較大塊的背面用布，讓這兩塊背面用布重疊。大頭針固定四周後，用裁縫機車縫起來。把枕套翻成正面，塞入枕芯就完成囉！

小叮嚀：
抱枕的開口也可以用拉鍊，不過我覺得拉鍊要縫得漂亮有點難度。這裡提供的兩個方法（開口重疊或是用緞帶綁）都比較簡單，不需要特別熨燙，而且用緞帶綁看起來也頗具時尚感！

現代黑線刺繡桌旗

黑線刺繡（Blackwork）的幾何樣式很適合應用在比較現代的圖案上。從傳統的花樣抽取一些元素，稍微變更尺寸和形狀，便能創造出不那麼傳統、更為現代的刺繡。

運用技法：　黑線刺繡
材料：　　　◎ DMC Mouliné棉繡線，黑色
　　　　　　◎ 10格／公分的Even-weave亞麻十字繡布，34x74公分。成品尺寸會是30x70公分
圖案：　　　參照p.108

做法：
布料用Z字縫收邊，免得邊緣綻線鬚掉。仔細測量長度找出中心點，使用兩股棉繡線繡好p.108（及本頁）上全滿和半滿的方塊圖案。方塊是按照格數來繡，一個十字繡為兩格見方。等所有方塊都繡好之後，用鉛筆或水消筆描好四個邊，然後以回針縫繡好，布料四邊往內摺兩次後摺邊（布邊）縫起。完成後的尺寸大約是30x70公分，最後再將桌旗熨平就完成囉！

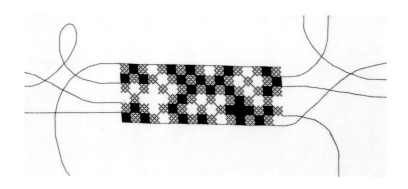

粉紅花環桌墊

從傳統刺繡花樣中創造自己的圖案是一件很有趣的事。這塊桌墊上的花來自亞夫索刺繡，不過葉子和圓點則是我自己的創意。

運用技法： 亞夫索刺繡、表側緞面繡
材料： ◎ 粉色棉繡線，例如DMC繡線
　　　　 ◎ 亞麻布或棉布，38x38公分
圖案： 參照p.108

做法：
布料用Z字縫收邊。仔細測量長度找出中心點，以中心點為圓心將圖案轉印上去。使用兩股繡線以表側緞面繡、輪廓繡完成圖案。布料邊緣內摺兩次後用大頭針固定，以縫紉機車縫摺邊（布邊）。完成的桌墊尺寸大約是34x34公分，最後將桌墊熨平就完成囉！

傳統黑線刺繡桌墊

傳統的黑線刺繡（Blackwork）是使用黑色絲線來繡，可是一旦弄髒了幾乎無法再使用。不妨試試用黑色棉繡線，髒了還可以清洗。可以使用一股線或兩股線操作，效果不盡相同。

運用技法： 黑線刺繡
材料： ◎ DMC Mouliné棉繡線，黑色
　　　　 ◎ 14格／公分的Even-weave亞麻十字繡布，37x57公分
圖案： 參照p.11和p.109

做法：
布料用Z字縫收邊，免得邊緣綻線鬚掉。仔細測量長度找出中心點，將圖案轉印上去，使用一股或兩股棉繡線來刺繡。方塊是按照格數來繡：中間的圖案一個十字繡為三格見方，邊緣的圖案一個十字繡為四格見方。布料四邊內摺兩次後摺邊（布邊）縫起，摺邊（布邊）的縫法參照p.89，最後將桌墊熨平。完成後的尺寸大約是33x53公分。

擁有一切枕頭套

這個枕頭的外緣有平邊，很適合拿來刺繡。所以我在這個安諾德斯喬（Anundsjö）圖案中加繡了一句話 —— 至少在夢裡我們能夠擁有一切。旁邊的照片可以更清楚地看到枕頭套的圖案設計。

運用技法： 安諾德斯喬刺繡
材料： ◎ DMC Mouliné棉繡線，紅色
　　　　 ◎ 白色牛津枕頭套
圖案： 參照p.110

做法：
將圖案轉印到枕頭套平邊上。如果想繡上文字，記得留下空位。使用兩股棉繡線完成安諾德斯喬刺繡，最後將枕頭套熨平就完成囉！

雙心枕頭套

傳統上，哈蘭刺繡（Halland）最常被應用在枕頭套（瑞典文是「pudevar」）。
圖案會繡在枕頭朝床外擺放的那一側，刺繡放在枕頭側邊多半不會磨損得太
厲害。製作的人習慣上會繡下年份和婚前的姓名，像我就是繡KRD（卡琳・
羅格多特，Karin Rogersdotter）。

運用技法：　　哈蘭刺繡
材料：　　　　◉ DMC Mouliné棉繡線，紅色和藍色
　　　　　　　◉ 白色枕頭套
圖案：　　　　參照p.110

做法：
將圖案轉印到枕頭套的一側，依個人喜愛的覆蓋效果，選擇使用兩股或三股棉繡
線完成哈蘭刺繡。操作時要使用繡框，尤其是浮面填滿針法的部分。將枕頭套上
繡框造成的痕跡，以熨斗熨平即可。

北極花燈罩

縫製燈罩比你想像得要容易,而且成品多半會比一般商店裡賣的更漂亮。這個燈罩是用原色的亞麻布搭配淡粉紅色繡線,比起傳統的安諾德斯喬刺繡(Anundsjö)作品,多了一絲浪漫的氣息。

運用技法: 安諾德斯喬刺繡
材料: ◎ DMC Mouliné棉繡線,任何顏色
 ◎ 亞麻布或棉布,能夠和燈罩架搭配的尺寸
 ◎ 燈罩架
圖案: 參照p.111

做法:
先測量燈罩尺寸以決定用多大塊的布,並調整圖案來搭配。將圖案轉印到布上,使用兩股棉繡線完成安諾德斯喬刺繡。用熨斗將布料熨平,然後正面朝內對摺,縫成筒狀。將燈罩翻回正面,套上燈罩架。布料邊緣內摺後包住燈罩架,用針腳很短的平針縫手縫起來,先縫好底部,然後將布料拉平,頂部則用大頭針固定後再縫起來。

斑鳩繡畫

布萊金刺繡（Blekinge）中一個常見的主題圖案，是甜美的小鳥圍繞著浪漫的花朵飛翔。我覺得有時候看起來有點可愛過頭，所以這裡的小鳥我加重了他們的份量！

運用技法： 布萊金刺繡
材料： ◉ 棉繡線，深淺不同的粉紅色和藍色，例如DMC繡線
　　　 ◉ 亞麻布或棉布，大約32x40公分
　　　 ◉ 畫框
圖案： 參照p.111

做法：
布料用曲Z字縫收邊。將圖案轉印到布料中間，取一個繡框，使用兩股棉繡線完成布萊金刺繡。建議兩股線使用不同顏色更能製造出特別的效果。最後將完成的刺繡圖案熨平後，裱框就完成囉！

小樹針包

刺繡的人一定要擁有針包，可以將繡針和大頭針都插在上面收好，避免刺傷自己。針包裡面以亞麻籽填充，放在桌上才會穩。

運用技法：　羊毛刺繡，使用鎖鏈繡、緞面繡、法國結粒繡和回針縫
材料：　　　◎ 羊毛繡線，各種顏色
　　　　　　◎ 絨布或其他厚實的羊毛布兩塊，16x16公分
　　　　　　◎ 薄棉布兩塊，16x16公分
　　　　　　◎ 填充用亞麻籽
圖案：　　　參照p.112

做法：

將兩塊棉布剪得比羊毛布稍小幾公釐（mm）。用縫紉機將兩塊棉布車起當作內襯，留下一個小開口以便填入亞麻籽。將內襯翻回正面，內襯不要塞得太滿，周圍要留約1公分的縫份給羊毛布外罩收邊。以手縫將開口縫起。

用白色記號筆在絨布上描繪圖案。使用各種不同顏色和粗細的羊毛繡線來刺繡，但因為圖案不大，避免使用太粗的線。

接下來縫製外罩。將兩塊絨布正面朝內疊起，用大頭針固定，以縫紉機車起，但要留下一個比剛剛製作內襯時要大一點的開口，才能把內襯塞進外罩裡。把外罩邊緣往內摺，用大頭針固定，再以短而密的針腳手縫好就完成囉！

牡丹小手袋

有個朋友覺得我應該要擁有這樣一個小包包,所以送了我這個,也許她知道我能夠改造這個簡單的紅色麻布包。總之,這個包包不久之後就開滿花朵了。

運用技法:　帕刺繡
材料:　　　◎羊毛繡線,各種顏色
　　　　　　◎亞麻、粗麻或其他材質的小包包
圖案:　　　參照p.95～96

做法:
將圖案轉印到卡紙或厚紙上,剪下來當作版型。將版型放到包包上,用水消筆或鉛筆描邊。操作帕刺繡時,先從大朵的花開始繡,然後在空的地方繡上莖葉,最後再將線頭打結就完成囉!

愛情筆袋

把你的筆和橡皮擦用這個五彩繽紛的結實筆袋裝起來。或者也可以放進剪刀、布尺和最近常用的繡線,這樣想要刺繡的時候隨時都可以開始。

運用技法:　斯堪尼亞刺繡和貼布縫
材料:　　　◎粗布、絨布或其他結實的羊毛布,約22x22公分
　　　　　　◎不織布貼布縫、羊毛繡線、銀線、鈕釦和拉鍊
　　　　　　◎緞帶,款式和長度隨意
圖案:　　　參照p.113

做法:
將筆袋用布對摺。用絨布或不織布(後者較薄易縫)剪出心形、圓形或其他類似形狀,在筆袋正面排成你喜歡的樣式,用大頭針固定,以平針縫或布邊縫縫好。邊緣以緞面繡、鎖鏈繡、平針縫、法國結粒繡或任何你喜歡的方式裝飾,然後縫上一些鈕釦,裝飾的銀線則用釘線繡固定。

刺繡完成後,將筆袋用布正面朝內縫起兩端。拉鍊用大頭針固定,縫份約0.5公分處用回針縫縫起,回針縫可以用緞帶遮住就完成囉!

粉紅康乃馨束口袋

可以收藏首飾、髮夾或其他小物的小袋子，永遠都不夠用。這個束口袋的重點是抽絲繡和綁住開口的緞帶，不過你也可以選擇自己喜歡的裝飾法。

運用技法：　亞夫索刺繡
材料：　　　◎ 粉紅色棉繡線，例如DMC繡線
　　　　　　◎ 白色亞麻布，16x48公分
　　　　　　◎ 緞面緞帶，約42公分
圖案：　　　參照p 113

做法：
布料用Z字縫收邊後對摺。用鉛筆或水消筆將圖案描繪在褶痕的正上方，花莖則隱沒在布料的一側。使用兩股棉繡線完成亞夫索刺繡。

接下來，短邊各內摺1公分，再內摺一次藏起Z字縫，形成1公分的摺邊（布邊），用大頭針固定。依照下列步驟進行抽絲繡：小心地剪斷緊靠著摺邊且與摺邊平行的紡紗3～4股，將紡紗抽出。用縫線在摺邊的一端縫上幾小針，然後每三股紡紗就用縫線繞綁一或兩圈，再在摺邊處縫上一針，重複這個針法直到摺邊尾端。布料上的紡紗束在一起之後會形成一個個小洞，另一側摺邊也採用同樣的針法。（亦可參照p.89。）

將筆袋用布正面朝內摺起，長邊用大頭針固定。緞帶對摺兩次，用大頭針固定在用布一側，大約從上端往下4公分的位置，用裁縫機或手縫以平針縫將束口袋車縫好，翻回正面後用緞帶束起開口就完成囉！

小叮嚀：
想要防止緞面緞帶尾端鬚掉，可以小心地用火燒一下，緞帶尾端就會融化膠合在一起。不過要注意的是，這個方法只能使用在合成布料上，棉質或亞麻緞帶就不適用。

鯡魚錢包

斯堪尼亞刺繡常以動物為主題，像是馬、鹿和獅子。藍綠色的羊毛繡線讓人聯想到海洋，所以我在這裡採用了魚為主題，靈感來自日本的傳統花樣。

運用技法： 羊毛刺繡，使用鎖鏈繡、緞面繡、法國結粒繡和回針縫
材料： ◎ 羊毛繡線，各種顏色
　　　　 ◎ 粗布、絨布或其他結實的羊毛布，約14x33公分
　　　　 ◎ 拉鍊，長約15公分
圖案： 參照p.114

做法：
粗布和絨布不會鬚掉，所以不必用Z字縫收邊。用水消筆或鉛筆描繪圖案，接著依個人希望刺繡成品呈現的厚薄，選用一股或兩股羊毛繡線完成羊毛刺繡。

參照p.84的方法將刺繡圖案整平放乾。取下圖釘，四邊各剪掉1公分的寬度，修掉圖釘留下的洞。將刺繡正面朝內對摺，縫起兩側和底邊。頂部開口稍微摺一點布邊，然後用手縫縫上拉鍊。當然，你也可以縫上一條結實的緞帶當作提把。

布莉塔卡莎環保購物袋

這個布包採用的是布莉塔卡莎本人設計的安諾德斯喬圖案（Anundsjö），不過我還是自行加了一些改變，選擇用縫紉機來刺繡圖案，這樣做起來也比較快。用縫紉機刺繡的話，最好能加上一層襯布，免得布料遭受拉扯。但是要記得將兩塊布用大頭針固定好位置再操作。

運用技法：　安諾德斯喬刺繡
材料：　　　◎ 紅色縫線
　　　　　　◎ 棉布，32x41公分兩塊，6x68公分兩塊（表布用）
　　　　　　◎ 亞麻布，32x38公分兩塊（裡布用）
　　　　　　◎ 襯布，略大於圖案一塊
圖案：　　　參照p.115

做法：

布料用Z字縫收邊。將圖案轉印到其中一片大塊棉布的中間。襯布固定在圖案後面，記得要拉平且覆蓋整個圖案的範圍。使用縫紉機的直線縫處理圖案所有直線的部分，需要填滿的部分可以先車一條直線，然後將棉布轉個方向，順著第一條直線再車回來，反覆來回車縫至針腳填滿整個形狀。正面留下的線頭要全部穿到背面並打結。將襯布多餘的部分剪掉。

縫製購物袋：將兩塊亞麻布正面朝內，縫起兩個長邊和一個短邊，縫份約為1公分，再將邊緣熨平。棉布外罩也以同樣方式處理，然後翻回正面讓刺繡圖案露出來。將亞麻內襯塞進棉布外罩中，頂部摺邊後以大頭針固定。接下來縫製提把，將長條的棉布縱向對摺熨平，邊緣再內摺熨平，現在兩條提把都變成1.5公分寬。用大頭針固定提把布後，以直線縫沿著長邊車起，盡可能靠邊車縫。兩端各往內2公分摺出記號，將褶痕部分勾進購物袋頂部摺邊（布邊）裡，用大頭針固定，記得檢查提把是否兩側都有置中對齊。購物袋頂部縫份約1.5公分車縫摺邊（布邊），最後兩側提把部分多車幾道加強就完成囉！

冬日玫瑰果手套

我必須承認，拿現成的手套來繡上圖案有點偷懶，不過效果不錯。成品戴起來就像首飾一樣，而且達拉納省的傳統就是配戴刺繡手套參加婚禮。這件作品是在灰色的絨布上刺繡，使用毛線手套來刺繡也不難。只要記得挑選織紋細緻的手套，好讓刺繡圖案能夠展現最美的一面。

運用技法： 帕刺繡
材料： ◎ 羊毛繡線，各種顏色
　　　　 ◎ 手套一副
圖案： 參照p.116

做法：
仔細測量手套尺寸找出中心點。用記號筆將圖案轉印到手套上，落在手背中間的位置。此外，在刺繡時手指可能會把圖案弄糊，所以可能要重複描繪圖案。刺繡時用一手盡量將手套撐平，動作要輕，不要把線拉得太緊。完成後，翻出手套內裡，將所有線頭打結就完成囉！

斯堪尼亞小鳥書套

我不知道該怎麼稱呼這個書套，也許算是民俗風？這件作品包含了所有可能的材料和顏色類型。不過，星星主題的圖案倒是常常可以在瑞典南方的織品上看見。

運用技法：　鎖鏈繡和貼布繡
材料：
　　　　　◎ 棉布
　　　　　◎ 絨布或不織布
　　　　　◎ 亞麻繡線
　　　　　◎ 縫線
　　　　　◎ 蕾絲
　　　　　◎ 亮片
　　　　　◎ 筆記本
圖案：　　參照p.117

做法：
將筆記本放在布料上，短邊多留1公分，長邊多留8公分，做上標記。將布料裁下，以Z字縫收邊。布料對摺後，用水消筆或鉛筆在正面描繪圖案。用鎖鏈繡完成星形圖樣。將蕾絲置於書背位置用大頭針固定，使用針腳密實的縫法縫好。用不織布剪出小鳥、愛心、圓圈或其他形狀縫上去，再用刺繡與亮片加以裝飾，從背面熨燙刺繡圖案。布料的短邊內摺1公分後熨平。用布料包住筆記本，將長邊多留的8公分內摺包好，以針腳密實的縫法縫好封面和封底的頂部、底部，這樣就完成囉！

刺繡前，先認識材料

刺繡的材料其實沒有什麼限制。只要挑對了針，大部分的布料都可以使用各種不同的線來刺繡。最重要的就是針要夠粗，能夠穿透布料，而不是使用哪種線的問題。只要針選對了，不管是粗毛線、緞帶、繩子還是細縫線，都可以拿來在棉布、亞麻布、天鵝絨，甚至紙張上刺繡。在出門購買那些很不幸多半都價格昂貴的繡線之前，先檢查手頭上究竟有哪些材料。本書的目的是希望讓你興起想要動手刺繡的念頭，所以儘管發揮你的創意、嘗試新的方法，不用客氣！

當然，如果你還是很想做出和書上一模一樣的作品，那麼可以介紹一些我使用的材料：

線

DMC Mouliné棉繡線：一種絲光棉繡線，所以比一般棉線更具有光澤感。可以在大部分的裁縫手工藝品店買到，顏色豐富齊全。繡線是以束為單位，每一束有六股線。刺繡時可依自己想要製造出的厚薄效果，選用幾股線都可以。不過，一般多半是一次使用兩股或三股線操作。

珍珠棉線：也是絲光棉繡線，不過比上面那種棉繡線緊密。珍珠棉線本身就有不同粗細尺寸，所以不需要分股使用。

DMC繡線：光澤感沒那麼重，可以分成兩股或三股的繡線。這種線的覆蓋度非常好，很適合亞夫索刺繡（Järvsö）和德斯博刺繡（Delsbo）。有時候去店裡比較難買到，從網路訂購倒是十分方便。

Klippans亞麻繡線：高品質的瑞典亞麻繡線，有許多漂亮的顏色。以束為單位販賣，專為刺繡所用。亞麻繡線和棉線的效果有點不同，它不會完全服貼在布料上，顯得有些凌亂。瑞典境外的地區可以購買DMC亞麻繡線或Gütermann亞麻繡線來使用。

DMC羊毛絨繡線：相當柔軟蓬鬆的羊毛繡線，可以分成兩股，常用於斯堪尼亞羊毛刺繡（Scanian）。

Moragarn：較細、較緊密，但仍算柔軟的瑞典羊毛繡線。一次用上幾股線覆蓋度就會很好。瑞典境外的地區可以購買Appletons的兩股雙線羊毛繡線來使用。

Tunagarn：較為粗糙的瑞典羊毛繡線，類似於我在本書中用來完成帕刺繡（Pâ）的線。Moragarn和Tunagarn都是以束為單位，可以先把繡線捲成球狀再來刺繡。瑞典境外的地區可以購買Appletons的四股羊毛絨繡線或是DMC羊毛絨繡線來使用。

紗線：織布用的紗線，其中有好幾種也可以用於刺繡。唯一的缺點就是必須整球或整束購買。不過以基本的顏色來說，像是白色或紅色，用紗線倒是相當經濟實惠。

布料

棉布：最適合刺繡的布料就是普通棉布。可以剪舊床單來用，或是到店裡一尺一尺買。當然，你能想到的顏色棉布都有。

針織布：通常是棉質，不過有的也會加入彈性纖維或聚酯纖維，像是內搭褲或內衣。針織布因為是針織而非梭織，所以比較具有彈性，基本上會比較難刺繡。不過若是100%棉的針織布，其實就還好。

亞麻布：也是一種擁有各種不同厚度和顏色的布料。挑選的時候只要記得刺繡的圖案需不需要數格數，也就是依循紡紗的間隙來刺繡。如果是黑線刺繡（Black-work），就必須使用Even-weave亞麻布，否則圖案繡出來會不對勁。其他比較自由的刺繡方式，任何亞麻布都適用。

羊毛布：粗布、絨布和厚羊毛布可以在品項齊全的布店，還有手工藝品店買到。通常也可以找到各種不同的顏色。

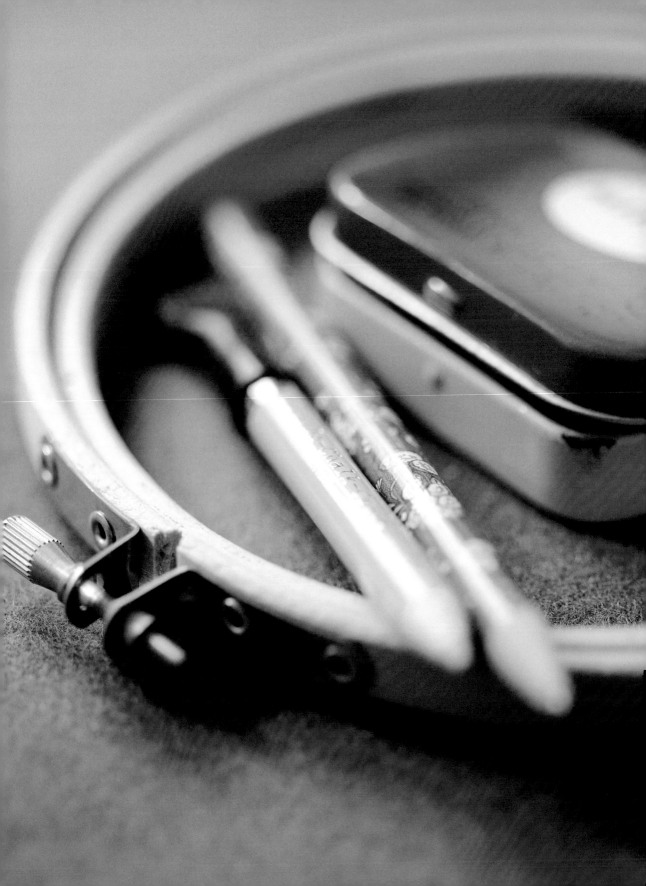

刺繡該準備的用具

刺繡是一種不太需要準備過多用具的手工技藝，簡簡單單的材料、隨意的場所，想繡就能開始。刺繡時除了布料和繡線之外，你還需要備齊下列幾種用具：

針：就像前面p.78說過的，必須使用搭配繡線粗細的針。最適合拿來刺繡的是各種粗細不一的繡針。繡針的針眼是有些扁平的橢圓形，方便繡線穿過去。而羊毛刺繡則是使用不要太粗的鈍頭針。如果沒有縫紉機，縫摺邊（布邊）和縫製作品時就得使用縫針操作。固定用的大頭針則是一定要準備的。

繡框：繡框能讓大部分的刺繡工作變得容易些。如果不使用繡框，布料較不容易拉平、拉緊，而且線也容易拉過頭。在這裡我要告訴你如何使用繡框：將布料置於內環上，確認刺繡圖案位於中央，然後放上外環。將布料拉平，每個方向都要平均，然後鎖緊外環的螺絲。繡完框內的圖案後，再將繡框移至下一個要完成的圖案。所有的圖案我大概都會使用繡框，只除了輪廓繡的長藤蔓花樣，因為繡藤蔓的時候不太需要扯動針腳，而且藤蔓繡起來很快，沒繡兩下就得移動繡框，反而覺得非常麻煩。

剪刀：刺繡用的剪刀尺寸要小，刀刃要尖而利。不要拿刺繡用的剪刀剪除了布料和繡線以外的東西，不然很快就會變鈍。

筆和鉛筆：筆芯硬度中等、削尖的鉛筆適合在淺色布料上描繪圖案。畫的時候筆觸要輕，痕跡多半在第一次下水後就會被洗掉。其實繡線本身就能覆蓋住鉛筆的痕跡，但若是筆觸過重還是可能會透出來。深色布料則需要白色或淺色記號筆，在品項齊全的布店就可以買到。也可以使用像是墨水會在水中溶解，或是過一段時間便會揮發的特殊筆，像是水消筆。

刺繡前的轉印圖案

刺繡時可以使用本書後面所附的圖案，使用完整或部分的圖案都無妨。先將描圖紙或薄的圖畫紙放在圖案上描繪，如果覺得圖案大小不符所需，可利用影印機放大或縮小至想要的尺寸。我衷心地建議將所有針法直接畫在這張紙上，事先規劃好用針線在布料上刺繡圖案的方式。當然也不需要畫得太過詳細，只要有助於你下手時更有感覺就可以了，同時也可以仔細研究書中的照片和圖案來判斷針腳的位置。

將圖案轉印到布料上有好幾種方法。喜歡的話可以直接徒手描繪，並在刺繡用布上調整圖案。如果是淺色且偏薄的布料，可以把圖案墊在底下用筆描。也可以把圖案和布料疊起來放在玻璃窗上描繪，或是使用透寫台，這樣會比較簡單。

有厚度或是深色的布料，則可以在描繪好的圖紙上用粗針沿著圖案扎洞，然後用白色記號筆描過圖案，透過小洞留在布料上的小白點，便是圖案的形狀囉！

帕刺繡（Påå）、亞夫索刺繡（Järvsö）和德斯博刺繡（Delsbo）則通常使用版型。將書中的圖案先描繪到描圖紙，然後描至厚紙板上，再剪下圖案放在布料上描邊。哈蘭刺繡（Halland）圖案是由圓形組成，使用家中可以畫圓的物品即可，例如：玻璃杯、馬克杯、蠟燭等等。

刺繡的基本技巧

在布料上畫好圖案,裝好繡框,挑好繡線,終於可以開始刺繡了!千萬不要先打結固定,結可能會跑掉,然後繡到一半卡在中間。正確的做法,是在刺繡起點的旁邊下針,然後從圖案開始的地方穿上來,待會兒再打結。另外,繡到一半需要換線時,可以把新線接在原本的線上,這樣不但能節省繡線,也不會在布料背面看到一大堆線頭。

盡量從右邊繡至左邊也是一個很好的方法,繡線比較不容易糾在一起,也比較不會打結卡住。另外,刺繡時繡線不要過長,太長的線也會打結卡住。

還有最重要是,一定要記住不可把線拉得太緊。下針後線拉起來時,覺得布料告訴你:「該停了!」就要停。完全依循圖案的線條來刺繡,手勁要輕柔,並且保持一定節奏。不要太挑剔自己的針腳,不然沒多久就會感到氣餒。

如何保存刺繡作品

美麗的刺繡作品該怎麼照顧呢?本書中大部分的作品,只要在完成後將布料熨平即可。從作品的背面熨,刺繡的部分上面要放一塊微濕的布。羊毛刺繡會縮,所以不能直接熨過去,要把布料拉緊才不會起皺褶變形。做法是將完成的刺繡繃在木頭塊上,用圖釘固定外緣,布料要保持完全平整並且平均地拉緊。將一塊濕布置於刺繡上,放乾。亞麻布和棉布則可以直接用大頭針固定在燙衣板上。透過這種方法,布料會變得平整,但刺繡圖案不會像使用熨斗時那樣常常被壓扁。

洗滌方面,布料盡可能在刺繡前先下水後晾乾使用,這樣完成後才不會縮水毀了整件作品。本書中大部分作品都可以手洗或是以攝氏40度機洗。如果要清洗羊毛刺繡,選擇羊毛洗程,這個洗程和手洗一樣輕柔,搭配使用羊毛專用或溫和配方的洗衣精效果最顯著。

認識刺繡針法

平針縫（Running stitch）：
繡針由下往上穿出布料，隔一小段再下針。

回針縫（Backstitch）：
繡針由下往上穿出布料，往回隔一小段再下針。這樣的針法會變成前一針起針的位置就是後一針收針的位置。

平針穿線縫（Threaded running stitch）：
先縫一條平針縫，然後倒回來下針穿（繞）過平針縫的針腳，而不是布料。

十字繡（Cross stitch）：
橫跨數條紡紗繡下斜向針腳，然後再繡另一針交叉的對向針腳。這種刺繡在平織亞麻布（Even-weave linen）和Aida繡布上最容易操作。

輪廓繡（Stem stitch）：
針法和回針縫相同，不過繡針是從前一針的側邊穿出。下針時，針和線要朝同個一方向。

鎖鏈繡（Chain stitch）：
繡針由下往上穿出布料，緊鄰穿出的位置旁邊下針，但不要將線拉緊。隔一小段針頭再由下往上穿出，未拉緊的線繞住穿出的繡針，然後收針。此外，如果下針沒有緊臨穿出的位置，而是稍隔一小段的話，則稱作開放式鎖鏈繡（或叫階梯繡）。鎖鏈繡也能用於填滿大面積，只要將幾條鎖鏈繡緊密地刺繡在一起就可以了。

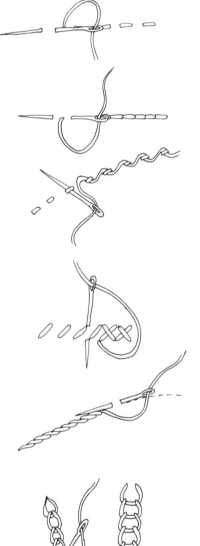

一般鎖鏈繡
和開放式（單眼）鎖鏈繡
也可以應用在小花圖案上

表側緞面繡（Surface satin stitch）：
繡針從描繪好的圖案線條之下往上穿出，跨過要填滿的刺繡圖案到另一邊下針，然後緊鄰著下針位置再往上穿出。用這樣的針法沿著圖案的線條刺繡，大部分的繡線都會露出在布料正面。

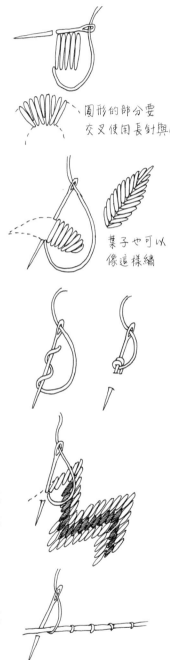

圓形的部分要
交叉使用長針與短針

緞面繡（Satin stitch）：
繡針由下往上穿出布料，跨過要填滿的刺繡圖案到另一邊，緊鄰著前一針下針，再從緊鄰第一針穿出的位置穿出來。布料正反兩面都會露出繡線，所以圖案會比表側緞面繡來得厚一些。

葉子也可以
像這樣繡

法國結粒繡（French knots）：
繡針穿出布料後，繡線繞針兩圈或更多圈，然後緊鄰穿出的位置下針。拉線時要小心，輕輕用大拇指將線壓住，以免鬆掉。

長短繡（Long and short stitch）：
與畫好的圖案線條成斜角，繡上一排表側緞面繡或緞面繡，每一排長針的針數都要一樣。下一排可以使用同一條線，或是換一個顏色。這種針法很適合用來填滿大範圍的面積，或者強調美麗的顏色變換。

釘線繡（Couching）：
將一條線置於刺繡圖案線條上，接著用短而平均的針腳將這條線固定在布料上。

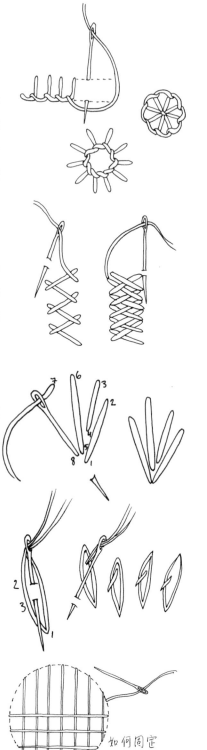

布邊縫（Blanket stitch）：
將繡線壓在布料邊緣，繡針拉至上方下針，下針處要與布料邊緣平行等距。接著繡針從布料邊緣穿出，然後針頭往下再突出一點點，最後繡線繞住針頭，將繡針拉出。如果繡成一圈，就變成了鈕釦繡。依照你想呈現的效果，針腳朝內或朝外都可以。

人字繡（Herringbone stitch）：
往左繡一條斜向的長針腳，然後朝自己的方向下一針很短的針腳，接著再繡一條往右的斜向長針腳。針腳中間有空隙的話，稱為開放式人字繡。如果前一針接著後一針，那麼針腳就會較為緊密。

鑽石扇形繡（Diamond ray stitch）：
將繡針從圖上標號1的旁邊穿出，在標號2的地方下針，從標號3的地方穿出，依序而行。標號1和8最好能靠近一點，這樣繡出來的扇形才會漂亮而緊密。

安諾德斯喬刺繡（Anundsjö）：
繡一針表側緞面繡，但是繡針要從前一針的兩股線中間穿出，然後用短針固定其中一股線。固定用的斜向短針朝左或朝右都可以。安諾德斯喬針法要使用容易分開，或者不易纏太緊的繡線。

浮面填滿針法（Laid filling stitch）：
變化非常多。第一步是畫出形狀，最常用的是圓形，接著在形狀裡拉線交織出直向或斜向的網狀圖案，再運用各種不同的針法（刺繡技法）將網子固定在布料上，可以參考旁邊的例圖。混合使用不同顏色的繡線可以製造出特殊效果。邊緣

如何固定
繡線交織成的網子

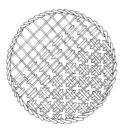

的部分則使用鎖鏈繡、回針縫、輪廓繡或其他類似
的針法收尾。這種針法一定要使用繡框！先使用鉛
筆或水消筆畫上網子後再刺繡比較簡單。

抽絲繡（Hem stitch）：

小心地剪斷緊靠著摺邊（布邊）且與摺邊（布邊）
平行的三股紡紗，將紡紗抽出。用縫線在摺邊（布邊）的一
端縫上幾小針，然後每三股垂直的紡紗就用縫線繞綁一或兩
圈，再於摺邊（布邊）處縫上一針。重複這個針法直到摺邊
（布邊）尾端。布料上的紡紗束在一起之後會形成一個個小
孔洞。

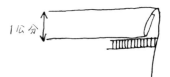

1公分

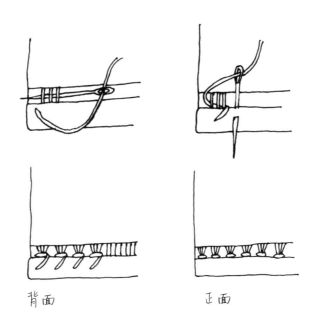

背面　　　　　　　　　　正面

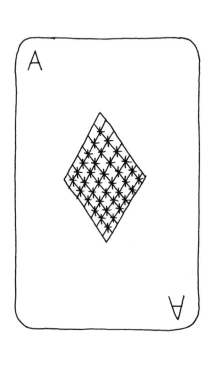

圖案

在轉印到布料之前，
先用影印機將圖案放大或縮小至需要的尺寸。

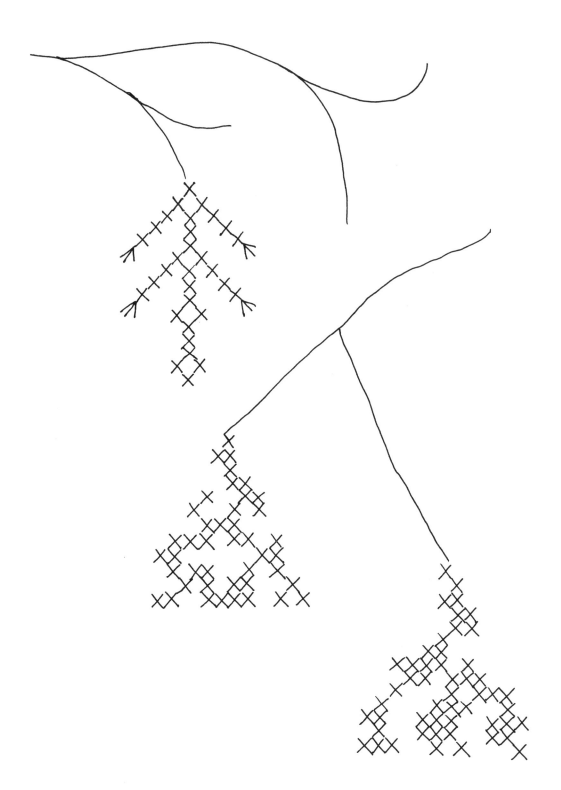

上方是瑞典文，英文則寫成sewn by me。

you can have it all

說不完的感謝

艾娃‧克魯克，你是最棒的編輯！擁有絕佳的整合能力，加上對我超大的信心，還有對刺繡的熱情，一切是如此地圓滿，是我所遇過最厲害的統籌經理人。

卡琳‧碧玉克斯，和你合作非常地有趣而愉快。你對於照片拍攝的建議與想法賦予了刺繡作品嶄新（而且進化）的生命，而且絕對不會忘記固定的咖啡休息時間！

維多利亞‧卡帕迪亞‧波馬克，你不只是設計師而已！總是掏心掏肺地為我們加油，不管是親手做的橘子果凍，還是鼓勵的話語，或是開心的笑聲。在進行整本書的過程中，我完全地信賴著你。

爸、媽和麥特，你們是我的粉絲團！

謝謝我在HV瑞典西部大學的老師與指導教授，他們帶領著我從零開始，到最後累積成了這本書。特別感謝卡莉妲‧蘭絲特、岡恩‧亞千與琴‧荷莉，你們的建議我會深深牢記。

感謝所有參與示範的模特兒：麥特・荷柏格、艾梅莉亞・奧斯特、蘇珊・艾爾・馬克迪西、維多利亞・卡帕迪亞・波馬克、艾莉絲・卡帕迪亞・波馬克、露薏絲・碧玉克斯、歐文・哈德威克、約翰・賽倫，以及瑪琳・尼爾森。有你們的參與真是太幸運了！

最後，我要感謝可愛的朋友們，以各種不同的方式參與了本書的作品：莎拉、艾力克斯、安娜・O、安娜・S、肯薩、海倫、波荷娜、海倫娜、瑪格妲、歐蒂、蕾貝卡、尼可拉斯・H、尼可拉斯・M、強納斯、艾莉卡、珍妮、葛妮亞、米亞、奧黛莉和弗莉妲，謝謝你們在網路上替我宣傳，還有艾莉絲一家人，以及所有其他在我刺繡時來探望我、鼓勵我的親朋好友，這對我來說意義非常重大。

還有，我沒忘了要特別感謝馬帝亞，因為他想要一件專屬的連帽夾克。

LifeStyle021　低碳生活的24堂課——小至馬桶大至棒球場的減碳提案／張楊乾著 定價250元
LifeStyle023　943窮學生懶人食譜——輕鬆料理＋節省心法＝簡單省錢過生活／943著 定價250元
LifeStyle024　LIFE家庭味——一般日子也值得慶祝！的料理／飯島奈美著 定價320元
LifeStyle025　超脫煩惱的練習／小池龍之介著 定價320元
LifeStyle026　京都文具小旅行——在百年老店、紙舖、古董市集、商店街中，尋寶／中村雪著 定價320元
LifeStyle027　走出悲傷的33堂課——日本人氣和尚教你尋找真幸福／小池龍之介著 定價240元
LifeStyle028　圖解東京女孩的時尚穿搭／太田雲丹著 定價260元
LifeStyle029　巴黎人的巴黎——特搜小組揭露，藏在巷弄裡的特色店、創意餐廳和隱藏版好去處／芳妮佩修塔等合著 定價320元
LifeStyle030　首爾人氣早午餐brunch之旅——60家特色咖啡館、130道味蕾探險／STYLE BOOKS編輯部編著 定價320元

MAGIC系列

MAGIC002　漂亮美眉髮型魔法書——最IN美少女必備的Beauty Book／高美燕著 定價250元
MAGIC004　6分鐘泡澡一瘦身——70個配方，讓你更瘦、更健康美麗／楊錦華著 定價280元
MAGIC006　我就是要你瘦——26公斤的真實減重故事／孫崇發著 定價199元
MAGIC007　精油魔法初體驗——我的第一瓶精油／李淳廉編著 定價230元
MAGIC008　花小錢做個自然美人——天然面膜、護髮護膚、泡湯自己來／孫玉銘著 定價199元
MAGIC009　精油瘦身美顏魔法／李淳廉著 定價230元
MAGIC010　精油全家健康魔法——我的芳香家庭護照／李淳廉著 定價230元
MAGIC013　費莉莉的串珠魔法書——半寶石‧璀璨‧新奢華／費莉莉著 定價380元
MAGIC014　一個人輕鬆完成的33件禮物——點心‧雜貨‧包裝DIY／金一鳴、黃愷縈著 定價280元
MAGIC016　開店裝修省錢&賺錢123招——成功打造金店面，老闆必修學分／唐芩著 定價350元
MAGIC017　新手養狗實用小百科——勝犬調教成功法則／蕭敦耀著 定價199元
MAGIC018　現在開始學瑜珈——青春，停駐在開始練瑜珈的那一天／湯永緒著 定價280元
MAGIC019　輕鬆打造！中古屋變新屋——絕對成功的買屋、裝修、設計要點&實例／唐芩著 定價280元
MAGIC021　青花魚教練教你打造王字腹肌——型男必備專業健身書／崔誠兆著 定價380元
MAGIC022　我的30天減重日記本30 Days Diet Diary／美好生活實踐小組編著 定價120元
MAGIC023　我的60天減重日記本60 Days Diet Diary／美好生活實踐小組編著 定價130元
MAGIC024　10分鐘睡衣瘦身操——名模教你打造輕盈S曲線／艾咪著 定價320元
MAGIC025　5分鐘起床拉筋伸展操——最新NEAT瘦身概念＋增強代謝＋廢物排出／艾咪著 定價330元
MAGIC026　家。設計——空間魔法師不藏私裝潢密技大公開／趙喜善著 定價420元
MAGIC027　愛書成家——書的收藏×家飾／達米安‧湯普森著 定價320元
MAGIC028　實用繩結小百科——700個步驟圖，日常生活、戶外休閒、急救繩技現學現用／羽根田治著 定價220元
MAGIC029　我的90天減重日記本90 Days Diet Diary／美好生活十實踐小組編著 定價150元
MAGIC030　怦然心動的家中一角——工作桌、創作空間與書房的好感布置／凱洛琳克利夫頓摩格著 定價360元
MAGIC031　超完美！日本人氣美甲圖鑑——最新光療指甲圖案634款／辰巳出版株式會社編集部美甲小組 定價360元

EasyTour系列

EasyTour008　東京恰拉——就是這些小玩意陪我長大／葉立莘著 定價299元
EasyTour016　無料北海道——不花錢泡溫泉、吃好料、賞美景／王水著 定價299元
EasyTour017　東京！流行——六本木、汐留等最新20城完整版／希沙良著 定價299元
EasyTour019　狠愛土耳其——地中海最後秘境／林婷婷、馮輝浩著 定價350元
EasyTour023　達人帶你遊香港——亞紀的私房手繪遊記／中港亞紀著 定價250元
EasyTour024　金磚印度India——12大都會商務&休閒遊／麥慕貞著 定價380元
EasyTour027　香港HONGKONG——好吃、好買，最好玩／王郁婷、吳永娟著 定價299元
EasyTour028　首爾Seoul——好吃、好買，最好玩／陳雨汝 定價320元
EasyTour029　環遊世界聖經／崔大潤、沈泰烈著 定價680元
EasyTour030　韓國打工度假——從申辦、住宿到當地找工作、遊玩的第一手資訊／曾莉婷、卓曉君著 定價320元
EasyTour031　新加坡 Singapore 好逛、好吃，最好買——風格咖啡廳、餐廳、特色小店尋味漫遊／諾依著 定價299元

COOK50 系列　基礎廚藝教室

COOK50095　這些大廚教我做的菜──理論廚師的實驗廚房／黃舒萱著 定價360元
COOK50096　跟著名廚從零開始學料理──專為新手量身定做的烹飪小百科／蔡全成著 定價299元
COOK50097　抗流感‧免疫力蔬果汁── 一天一杯，輕鬆改善體質、抵抗疾病／郭月英著 定價280元
COOK50098　我的第一本調酒書──從最受歡迎到最經典的雞尾酒，家裡就是Lounge Bar／李佳紋著 定價280元
COOK50099　不失敗西點教室經典珍藏版──600張圖解照片＋近200個成功秘訣，做點心絕對沒問題／王安琪著 定價320元
COOK50100　五星級名廚到我家──湯、開胃菜、沙拉、麵食、燉飯、主菜和甜點的料理密技／陶禮君著 定價320元
COOK50101　燉補110鍋──改造體質，提升免疫力／郭月英著 定價300元
COOK50104　萬能小烤箱料理──蒸、煮、炒、煎、烤，什麼都能做！／江豔鳳、王安琪 定價280元
COOK50105　一定要學會的沙拉和醬汁118──55道沙拉×63道醬汁（中英對照）／金一鳴著 定價300元
COOK50106　新手做義大利麵、焗烤──最簡單、百變的義式料理／洪嘉妤著 定價280元
COOK50107　法式烘焙時尚甜點──經典VS.主廚的獨家更好吃配方／郭建昌著 定價350元
COOK50108　咖啡館style三明治──13家韓國超人氣咖啡館＋45種熱銷三明治＋30種三明治基本款／熊津編輯部著 定價350元
COOK50109　最想學會的外國菜──全世界美食一次學透透（中英對照）／洪白陽著 定價350元
COOK50110　Carol不藏私料理廚房──新手也能變大廚的90堂必修課／胡涓涓著 定價360元
COOK50111　來塊餅【加餅不加價】──發麵燙麵異國點心／趙柏淯著 定價300元
COOK50112　第一次做中式麵點──中點新手的不失敗配方／吳美珠著 定價280元
COOK50113　0～6歲嬰幼兒營養副食品和主食──130道食譜和150個育兒手札、貼心叮嚀／王安琪著 定價360元
COOK50114　初學者的法式時尚甜點──經典VS.主廚的更好吃配方和點心裝飾／郭建昌著 定價350元
COOK50115　第一次做蛋糕和麵包──最詳盡的1,000個步驟圖，讓新手一定成功的130 道手作點心／李亮知著 定價360元
COOK50116　咖啡館style早午餐──10家韓國超人氣咖啡館＋57份人氣餐點／LEESCOM編輯部著 定價350元
COOK50117　一個人好好吃──每一天都能盡情享受！的料理／蓋雅Magus 著 定價280元
COOK50118　世界素料理101（奶蛋素版）──小菜、輕食、焗烤、西餐、湯品和甜點／王安琪、洪嘉妤著 定價300元
COOK50119　最想學會的家常菜──從小菜到主食一次學透透（中英對照）／洪白陽（CC 老師）著 定價350元
COOK50120　手感饅頭包子──口味多、餡料豐，意想不到的黃金配方／趙柏淯著 定價350元
COOK50121　異國風馬鈴薯、地瓜、南瓜料理──主廚精選＋樂活輕食＋最受歡迎餐廳菜／安世耕著 定價350元
COOK50122　今天不吃肉──我的快樂蔬食日〈樂活升級版〉／王申長Ellson著 定價280元
COOK50123　STEW異國風燉菜燉飯──跟著味蕾環遊世界家裡燉／金一鳴著 定價320元
COOK50124　小學生都會做的菜──蛋糕、麵包、沙拉、甜點、派對點心／宋惠仙著 定價280元
COOK50125　2歲起小朋友最愛的蛋糕、麵包和餅乾──營養食材＋親手製作＝愛心滿滿的媽咪食譜／王安琪著 定價320元
COOK50126　蛋糕，基礎的基礎──80個常見疑問、7種實用麵糊和6種美味霜飾／相原一吉著 定價299元
COOK50127　西點，基礎的基礎──60個零失敗訣竅、9種實用麵糊、12種萬用醬料、43款經典配方／相原一吉著 定價299元
COOK50128　4個月～2歲嬰幼兒營養副食品──全方位的寶寶飲食書和育兒心得（超值育兒版）／王安琪著 定價299元
COOK50129　金牌主廚的法式甜點饕客口碑版──得獎甜點珍藏秘方大公開／李依錫著 定價399元
COOK50130　廚神的家常菜──傳奇餐廳的尋常料理，令人驚艷的好滋味／費朗 亞德里亞（Ferran Adrià）著 定價1000元
COOK50131　咖啡館style鬆餅大集合──6大種類×77道，選擇最多、材料變化最豐富！／王安琪著 定價350元
COOK50132　TAPAS異國風，開胃小菜小點──風靡歐洲、美洲和亞洲的飲食新風潮／金一鳴著 定價320元
COOK50133　咖啡新手的第一本書（拉花＆花式咖啡升級版）──從8歲～88歲看圖就會煮咖啡／許逸淳著 定價250元
COOK50134　一個鍋做異國料理──全世界美食一鍋煮透透（中英對照）／洪白陽（CC老師）著 定價350元
COOK50135　LADURÉE百年糕點老舖的傳奇配方／LADURÉE 團隊著 定價1000元
COOK50136　新手烘焙，基礎的基礎──圖片＋實作心得，超詳盡西點入門書／林軒帆著 定價350元

TASTER系列 吃吃看流行飲品

TASTER001　冰砂大全──112道最流行的冰砂／蔣馥安著 特價199元
TASTER003　清瘦蔬果汁──112道變瘦變漂亮的果汁／蔣馥安著 特價169元
TASTER004　咖啡經典──113道不可錯過的冰熱咖啡／蔣馥安著 定價280元
TASTER005　瘦身美人茶──90道超強效減脂茶／洪依蘭著 定價199元
TASTER008　上班族精力茶──減壓調養、增加活力的嚴選好茶／楊錦華著 特價199元
TASTER009　纖瘦醋──瘦身健康醋DIY／徐因著 特價199元
TASTER011　1杯咖啡──經典＆流行配方、沖煮器具教學和拉花技巧／美好生活實踐小組編著 定價220元
TASTER012　1杯紅茶──經典＆流行配方、世界紅茶＆茶器介紹／美好生活實踐小組編著 定價220元

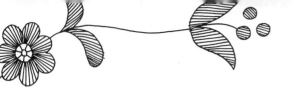

純手感北歐刺繡

遇見 100% 的瑞典風圖案與顏色

作者	卡琳・荷柏格（Karin Holmberg）
翻譯	徐曉珮
美術	黃祺芸
編輯	彭文怡
校對	連玉瑩
行銷	呂瑞芸
企畫統籌	李橘
總編輯	莫少閒
出版者	朱雀文化事業有限公司
地址	台北市基隆路二段 13-1 號 3 樓
電話	（02）2345-3868
傳真	（02）2345-3828
劃撥帳號	19234566　朱雀文化事業有限公司
e-mail	redbook@ms26.hinet.net
網址	http://redbook.com.tw
總經銷	大和書報圖書股份有限公司（02）8990-2588
ISBN	978-986-6029-64-6
初版一刷	2014.05
定價	350 元
出版登記	北市業字第 1403 號

國家圖書館出版品預行編目

純手感北歐刺繡
－－遇見 100% 的瑞典風圖案與顏色
卡琳・荷柏格（Karin Holmberg）.—
初版－台北市：
朱雀文化，2014【民 103】
128 面；　公分，—（Hands 041）
ISBN　978-986-6029-64-6（平裝）
1. 刺繡
426.2

About 買書：

●朱雀文化圖書在北中南各書店及誠品、金石堂、何嘉仁等連鎖書店均有販售，如欲購買本公司圖書，建議你直接詢問書店店員。如果書店已售完，請電洽本公司。

●●至朱雀文化網站購書（http://redbook.com.tw），可享 85 折起優惠。

●●●至郵局劃撥（戶名：朱雀文化事業有限公司，帳號 19234566），掛號寄書不加郵資，4 本以下無折扣，5 ～ 9 本 95 折，10 本以上 9 折優惠。

Delsbo

anundsjösöm

Blekingesöm

pisöm

Ha